MESSER MAGAZIN WORKSHOP

Stefan Steigerwald und Dirk Burmester

Messermachen

für Anfänger

Stefan Steigerwald und Dirk Burmester

Messermachen für Anfänger

1. Auflage, 2016

ISBN 978-3-938711-81-1

Wieland Verlag GmbH, Rosenheimer Straße 22, D-83043 Bad Aibling
Telefon 08061/38998-0, Fax 08061/38998-20
Internet: www.wieland-verlag.com
E-Mail: info@wieland-verlag.com

Fotos: Peter Fronteddu

Umschlaggestaltung und Layout: Caroline Wydeau

Druck: Print Consult

Printed in EU

INHALT

EIN PAAR SÄTZE VORAB

Das Messermachen ist ein wunderbares Hobby. Immer mehr Menschen entdecken, wie viel Freude es bringen kann, einen so schönen und gleichzeitig praktischen Gegenstand wie ein Messer selbst anzufertigen.

Den Einstieg in dieses schöne Hobby bildet in der Regel ein feststehendes Messer. Die beiden häufigsten Bauarten eines feststehenden Messers sind das Flachangel- und das Steckangelmesser. Im ersten Fall besitzt das Messer eine flache Angel, auf die seitlich Griffschalen gesetzt werden. Oder es besitzt eine Steckangel, auf die der Griff aufgesteckt wird.

In diesem Band zeigen Ihnen Dirk Burmester und Stefan Steigerwald beide Bauarten. Sie machen je ein Messer mit dem jeweiligen Konstruktionsprinzip und führen Sie Schritt für Schritt in Wort und Bild durch alle Abschnitte des Bauprozesses. Die Anleitungen sind leicht verständlich und für jedermann nachzumachen.

Sie brauchen dazu keinerlei Vorbildung und keine große Werkstattausrüstung. Ein paar einfache Werkzeuge und ein geeigneter Arbeitsplatz reichen aus. Auch für das Material müssen Sie nur wenig Geld ausgeben, wenn überhaupt. Damit steht Ihrem Start ins Messermacher-Hobby eigentlich nichts im Wege!

Mit der MESSER MAGAZIN Workshop-Reihe wollen wir Ihnen Hilfestellung in allen technischen Fragen geben und Ihnen so manchen Fehler ersparen. Diese Buchreihe stellt eine Vielzahl von Themen rund ums Messermachen dar – so aufbereitet, dass Sie jeden einzelnen Schritt nachvollziehen und auch nachmachen können. Dabei haben wir besonders auf die Praxis- und Werkstatttauglichkeit der Bände Wert gelegt.

Deshalb sind alle Bände der Reihe mit einer Spiralbindung versehen. Auf diese Weise bleibt das Buch aufgeschlagen so liegen, wie Sie es hinlegen. Außerdem haben wir bei der Größe der Bilder und Schriften darauf geachtet, dass Sie noch alles lesen und erkennen können, wenn Sie arbeiten und das Buch neben sich liegen haben.

Wir haben versucht, jeden Arbeitsschritt so verständlich wie möglich darzustellen. Trotzdem sollten Sie, bevor Sie zum Werkzeug greifen, die Beschreibungen in diesem Buch vollständig durchlesen. Dann wissen Sie, was auf Sie zukommt, und erleben nicht mitten in der Arbeit unangenehme Überraschungen.

Ich wünsche Ihnen viel Freude und gutes Gelingen bei der Arbeit!

Hans Joachim Wieland
Chefredakteur MESSER MAGAZIN

Eine Klinge selbst herzustellen, wirft Fragen auf. Zum Beispiel: „Ist der Stahl schon hart?" oder „Ich habe noch nie mit Metall gearbeitet …". Das höre ich hier in unserer kleinen Werkstatt öfter. Umso mehr freut es mich, wenn es wieder einer wagt, die Sache anzugehen.

Ich kenne die Probleme. Als ich anfing, Messer zu bauen, gab es nicht viel Literatur, und das Internet mit seinen Foren war auch noch nicht soweit wie heute. Insofern mangelt es also nicht an Informationen. Manchmal gibt es sogar zu viele, und das Wesentliche gerät in den Hintergrund: sich Zeit nehmen und den Werdegang genießen, Geduld haben und kreativ sein.

Es ist nicht so anstrengend, wie man glaubt. Und der Lohn ist ein wirklich komplett selbst hergestelltes Messer. Also ran an den Skizzenblock!

Stefan Steigerwald

Steckangel- und Flachangelmesser? Gibt es da nicht schon was? Machen die das jetzt doppelt?

Ja, es gibt thematisch ähnliche Bücher in dieser Reihe. Aber wir wollten das Thema aus einer anderen Perspektive angehen und den Einstieg erleichtern. Aus diesem Grund werden die Messer in diesem Buch ausschließlich mit Werkzeug hergestellt, das für kleines Geld in jedem Baumarkt erhältlich ist. Ausgenommen sind nur Ständerbohrmaschine und eine möglichst stabile Klemmvorrichtung, also beispielsweise ein Schraubstock. Diese Voraussetzungen dürften in den meisten Hobbykellern gegeben sein. Und wenn es um die Ständerbohrmaschine geht, kann man ja auch mal beim Nachbarn klingeln.

Die Hürden waren nie niedriger. Lassen sich sich vom Messerbauvirus infizieren…

Dirk Burmester

VORÜBERLEGUNGEN

Allgemeines

Da wir relativ einfache feststehende Messer bauen wollen, sind keine allzu großen Überlegungen zur konstruktiven und technischen Umsetzung nötig. Im Mittelpunkt sollen vielmehr die grundlegenden Arbeitsschritte samt Arbeitstechniken stehen, die für die Fertigung aller Messer relevant sind: saubere Kanten, Anschliff, Finish und so weiter.

Nicht fehlen darf an dieser Stelle der Hinweis zur Arbeitssicherheit: Um die einzelnen Arbeitsschritte fotografisch möglichst anschaulich vermitteln zu können, haben wir teilweise auf Sicherheitsvorkehrungen verzichtet, die in der Praxis unbedingt beachtet werden sollten. Jeder, der mit Werkzeug arbeitet und dabei Späne, Abrieb und Staub erzeugt, muss zunächst auf festen Halt des Werkstücks achten. Zudem müssen die Augen durch eine Schutzbrille geschützt werden. Der beim Bearbeiten von Griffmaterialien entstehende Staub kann Allergien auslösen (zum Beispiel bei Edelhölzern) oder giftig sein (Perlmuttstaub kann Schwermetalle enthalten) oder im Verdacht stehen, Krebserkrankungen auszulösen (wie zum Beispiel bei Carbon). Aus diesem Grund sollte man eine Staubschutzmaske oder eine Absaugvorrichtung verwenden.

Grundlegendes zum Messer

Das Steckangelmesser ist eine sehr einfache Messerkonstruktion. Stahl ausformen, Griff aufstecken – fertig. Zumindest im wesentlichen. Einige wichtige Schritte wie das Härten wurden in dieser Darstellung ausgelassen. Der grundsätzlich einfache und stabile Aufbau ist der Grund, aus dem viele Jagd- und Outdoormesser als Steckangelmesser gebaut werden.

Beim Flachangelmesser wird es auch nicht viel komplizierter: ein Stück Flachstahl wird in Messerform gebracht, rechts und links wird eine Griffschale montiert. Das Flachangelmesser vereint verschiedene Vorteile.

Zum einen ist es im Vergleich zu anderen Konstruktionen stabiler. Da der Klingenstahl meist in voller Stärke und Breite bis zum Griffende reicht, gibt es kaum Sollbruchstellen. Und wenn sich eine Griffschale löst, bietet auch die Angel genug Halt, um einigermaßen vernünftig mit dem Messer arbeiten zu können.

Eine noch stabilere Konstruktion stellt das Integralmesser dar, bei dem Klingel, Angel und Backen aus einem Stück gefertigt werden. Allerdings erfordert eine solche Konstruktion mehr Maschineneinsatz und Material, der Bau ist deutlich aufwändiger. Zudem ist das Flachangelmesser aufgrund des weniger massiven Griffs im Vergleich zu einem Integralmesser leichter.

Die Nachteile der Flachangelkonstruktion sollen jedoch nicht verschwiegen werden: Die größere Stahlmenge im Griffbereich verlagert den

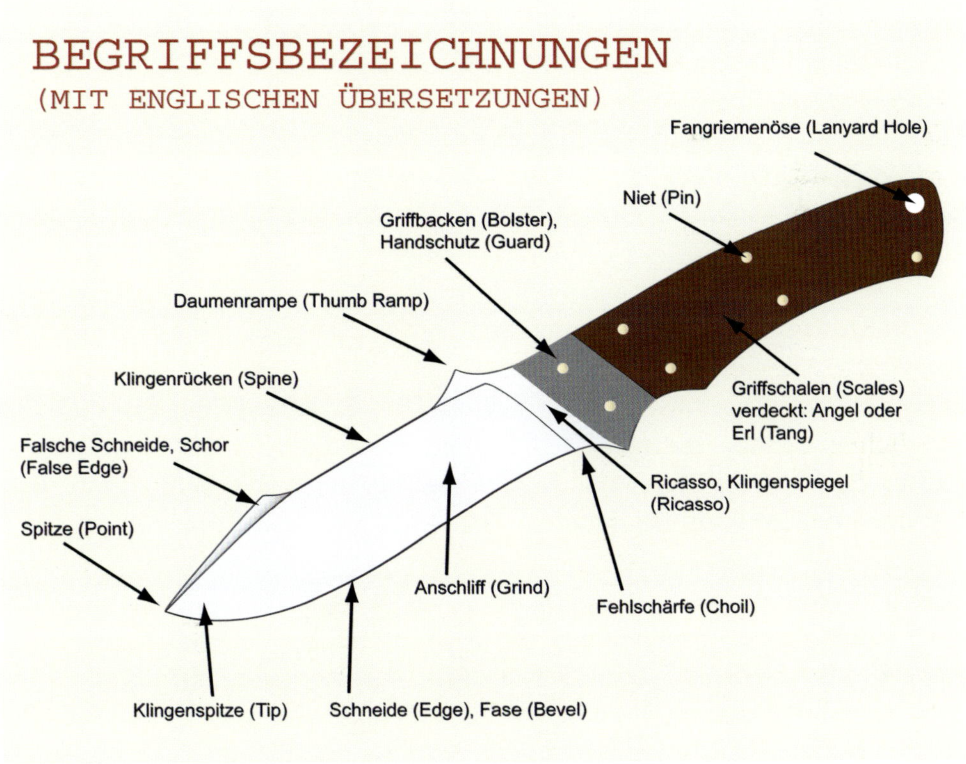

Schwerpunkt nach hinten, so dass Flachangelmesser etwas grifflastig werden können, wenn die Klinge recht kurz ist. Der Grifflastigkeit kann man jedoch durch Bohrungen in der Angel oder mit einer so genannten Tapered-Tang-Konstruktion, bei der die Angel zum Griffende hin verjüngt wird, entgegen wirken. Und auch wenn Flachangelmesser gegenüber dem Integralmesser Gewichtsvorteile haben, sind sie doch schwerer als Steckangelmesser.

Wird das Flachangelmesser aus nicht rostfreiem Stahl gebaut und nicht durch eine Beschichtung vor Korrosion geschützt, kann die Angel durch den Kontakt mit Handschweiß, Flüssigkeiten und im jagdlichen Einsatz Blut („Schweiß" in der Jägersprache) Rost ansetzen. Ist die Angel dagegen wie bei einem Steckangelmesser vollständig vom Griffmaterial umschlossen, sinkt das Rostrisiko.

Für welche Bauform man sich entscheidet, hängt neben den technischen Möglichkeiten und dem Aufwand, den man treiben will, vom Verwendungszweck ab. Steckangelmesser stellen konstruktiv die geringsten Anforderungen. Flachangelmesser sind ein guter Kompromiss: Sie sind stabil und grundsätzlich relativ einfach zu bauen. Zudem bietet die Konstruktion viele Gestaltungsmöglichkeiten bei Griffbacken oder Fingerschutz, die unter Berücksichtigung der Erfahrung und der bevorzugten Arbeitsweise des Messermachers sowie des verfügbaren Maschinenparks umgesetzt werden können.

Unser Entwurf für das Flachangelmesser ist ein relativ kleines, alltagstaugliches Allzweckmesser. Aufgrund der Größe werden solche Messer auch als Drei-Finger-Messer bezeichnet. Zugleich bietet der Entwurf die Möglichkeit, einen individuellen Stil zu entwickeln. Unser Steckangelmesser ist etwas größer und weist als zusätzliches Element das in den Griff gearbeitete Parierstück auf.

Welche Größe ein Messer haben muss, beantwortet fast jeder Nutzer anders. Zudem ist es weitgehend vom Einsatzzweck abhängig. Klingenlängen zwischen acht und zehn Zentimetern sind aber für die meisten Einsatzzwecke völlig ausreichend, erlauben das bequeme (und legale) Mitführen des Messers in der Öffentlichkeit, denn sie unterliegen in Deutschland nicht dem Führungsverbot nach § 42a des Waffengesetzes, das bei einer Klingenlänge von mehr als zwölf Zentimetern gilt.

Der Klingenstahl

Bei der Auswahl des Klingenstahls sind unterschiedliche Kriterien zu berücksichtigen. Es ist sinnvoll, mit einem Stahl zu beginnen, der sich gut feilen lässt und in den erforderlichen Abmessungen im Messermacherbedarf erhältlich ist. Auch unseren Bemühungen beim Finishen (Schleifen/Polieren) sollte er keine allzu großen Widerstände entgegensetzen. Zudem erwarten wir natürlich eine gute Schneidleistung, also die Möglichkeit, eine feine Schneide auszuschleifen, sowie eine gute Schnitthaltigkeit (eine lange Standzeit der Schneide). Um die Pflege einfach zu gestalten, haben wir uns für einen rostträgen Stahl entschieden, der nicht allzu teuer ist.

Wovon wir dringend abraten, ist die Verwendung eines herumliegenden Stücks Baustahl, da dieser sich nicht härten lässt. Es wäre doch schade, Mühe auf einen Stahl zu verschwenden, der dann den ihm zugedachten Zweck nicht erfüllen kann, während ein Stück Flachstahl aus geeignetem Material zu Preisen um zehn Euro erhältlich ist.

Vergessen Sie jedenfalls bei der Auswahl des Stahls nicht, dass Sie eine Härterei brauchen, die die Wärmebehandlung übernimmt. Sie sollte Erfahrung mit dem betreffenden Stahl haben, damit dessen Potenzial genutzt und Härteverzug vermieden wird. Die Lieferanten von Klingenstahl arbeiten meist mit geeigneten Härtereien zusammen und bieten einen entsprechenden Service an. Weil dabei mehrere Werkstücke oder ganze Chargen zusammengefasst werden, ist das auch billiger, als eine Härterei direkt zu beauftragen.

Unsere Vorgaben sind damit formuliert. Gerade bei der Stahlwahl gibt es viele Alternativen und viele Diskussionen. Eine ausführliche Erörterung dieses Themas muss aber anderen Werken vorbehalten bleiben, zum Beispiel dem Standardwerk „Messerklingen und Stahl“ von Roman Landes im Wieland Verlag. Zudem finden sich online im Messerforum (www.messerforum.net) zahlreiche Diskussionen rund um dieses Thema.

Die Auswahl des Stahls ist nicht nur von persönlichen Vorlieben, sondern auch vom Anwendungsbereich, von der gewünschten Optik, von den Bearbeitungsmöglichkeiten und – wie immer – vom Preis abhängig. In den letzten Jahren ist die Auswahl der für Messermacher geeigneten Stahlsorten deutlich gewachsen, beginnend mit den unlegierten oder niedrig legierten Kohlenstoffstählen wie den Sorten 1095, CK60, CK75 oder 1.2842. Diese Stähle bilden feine Schneiden, lassen sich hoch härten und sind dabei noch hinreichend stabil. Kohlenstoffstähle lassen sich relativ einfach wärmebehandeln, nachschleifen und bearbeiten. Außerdem sind sie günstig. Ihr Nachteil: Sie sind nicht rostträge (wirklich „rostfreie" Stähle gibt es unter den härtbaren und damit für Messer geeigneten Stählen nicht) und neigen beim Härten zum Verzug.

Soll das Messer aus rostbeständigem Material bestehen, bieten sich hochlegierte (chromhaltige) Stähle wie N690, ATS-34, 440C, 154-CM, AUS-8 oder 12C27 an. Diese Stähle weisen einen Anteil von mehr als zwölf Prozent Chrom im Materialgefüge auf. Den Vorzug der Rostbeständigkeit erkauft man sich in der Regel durch eine Schneide, die nicht ganz so fein ausgeschliffen werden kann wie bei Kohlenstoffstählen. Zudem sinkt bei hochlegierten Stählen tendenziell die Elastizität. Bei der von uns angestrebten Klingengröße kann das aber ignoriert werden. Die optimale Gebrauchshärte der hochlegierten Stähle liegt etwas niedriger als die der Kohlenstoffstähle.

Verschiedene Legierungsbestandteile wie Chrom, Vanadium oder Molybdän sorgen dafür, dass sich bei der Herstellung des Stahls sogenannte Karbide bilden. Karbide sind extrem harte Kohlenstoffverbindungen, die als mikroskopisch kleine Körner im Gefüge und in der Schneide liegen. Da Karbide härter als die umgebende Stahlmatrix sind, steigern sie grundsätzlich die Schnitthaltigkeit der Klinge. Werden die Karbide aber zu groß, kann die Matrix sie nicht mehr halten und sie brechen aus. Sehr kleine Schneidenwinkel, bei denen die Karbide relativ frei stehen und nur von wenig Stützmaterial umgeben sind, sind für solche Stahlsorten deshalb weniger geeignet (empfehlenswert sind Schneidenwinkel von rund 40°).

Um dem Problem zu großer Karbide zu begegnen, wurde das Verfahren der pulvermetallurgischen Stahlherstellung entwickelt. Gebräuchliche

PM-Stähle sind CPM-S30V, S60V, RWL-34, ZDP-189, M390 und CPM-154. Stahlsorten, die mit diesem Verfahren hergestellt werden, bilden kleinere und gleichmäßiger verteilte Karbide aus. Elastizität und Schnitthaltigkeit der PM-Stähle liegen deshalb über den Werten für herkömmliche Chromstähle.

Die eingebetteten, extrem harten Karbide machen PM-Stähle grundsätzlich sehr schnitthaltig. Aber auch bei PM-Stählen besteht in Abhängigkeit von Schneidenwinkel, Material und Anwendung die Gefahr, dass die Karbide aus einer zu feinen Schneide ausbrechen (wir sprechen hier von Schneidenstärken im Bereich weniger Tausendstel Millimeter). Teilweise wird dieses Verhalten sogar gewünscht, weil die daraus im mikroskopischen Bereich resultierende Sägezahnung für einen ziehenden Schnitt – beispielsweise bei der Jagd – sehr gut geeignet ist.

Einen weiteren Bereich bilden die Damaszenerstähle, meist kurz Damast genannt. Da das Schmiedehandwerk in den letzten Jahren als Hobby und als Beruf wieder stärker in den Mittelpunkt des Interesses gerückt ist, ist heute eine große Auswahl an geschmiedetem Damast erhältlich. Damaszenerstähle sind in den meisten Fällen nicht rostträge. Ausnahmen sind beispielsweise die rostträgen Damastsorten von Fritz Schneider und Markus Balbach. Außerdem stellt die schwedische Firma Damasteel einen rostträgen Damaststahl pulvermetallurgisch her.

Aufgrund der Qualität moderner Monostähle ist die Verwendung von Damaststählen nur noch aus optischen Gründen interessant. Ein Leistungsgewinn lässt sich durch das Verbinden unterschiedlicher Stahlsorten kaum mehr erzielen. Bei handgeschmiedeten Damaststählen, die im Hinblick auf höchste Leistung gefertigt werden, steht das Maß der Qualitätsverbesserung in keinem besonders guten Verhältnis zu Aufwand und Preis. Das spricht nicht gegen Damaszenerstahl – Individualität hat immer ihren Preis.

Was bei der Erörterung des richtigen Stahls gerne vernachlässigt wird, sind Wärmebehandlung und Schneidengeometrie. Diese beiden Parameter sind für das Schneidverhalten mindestens ebenso wichtig wie die Materialwahl. Erst mit einer auf Material und Anwendung abgestimmten Wärmebehandlung erhält der Stahl die gewünschten Eigenschaften (Härte, Flexibilität, Feinheit der Schneide, Rostbeständigkeit). Eine unzureichende Wärmebehandlung verspielt dagegen das Potenzial des verwendeten Stahls.

Die Wärmebehandlung unserer Klingen erfolgt bei einer Lohnhärterei, die Erfahrung mit der Wärmebehandlung von Messerklingen im allgemeinen und mit den verwendeten Stahlsorten hat. Da die Klingen in einem Vakuumofen gehärtet werden, entsteht fast kein Zunder (Oxidschicht), der anschließend weggeschliffen werden muss. Dieses Vorgehen bietet zudem den Vorteil, dass die Klinge im ungehärteten Zustand weitgehend fertig geschliffen werden kann, da an der Schneide vor dem Härten nur 0,2 bis 0,4 Millimeter Material stehen bleiben muss.

Entscheidenden Einfluss auf Schneidfähigkeit und Robustheit hat die Klingengeometrie. Der Schneidenwinkel bestimmt die beim Schneiden aufzuwendende Kraft. Je kleiner der Schneidenwinkel, desto schärfer die Klinge und mit desto weniger Druck lässt sich mit dem Messer schneiden. Andererseits muss die Schneide auf den Stahl und die Anwendung abgestimmt sein. Eine allzu feine Schneide kann bei hochlegierten Stählen dazu führen, dass die Karbide ausbrechen.

Messerklingen sind in der Regel entweder hohl, flach oder ballig geschliffen. Bei einem Hohlschliff sind die Seiten der Klinge nach innen gewölbt, bei einem balligen Schliff leicht nach außen, eine flach geschliffene Klinge ist, wie der Name schon sagt, einfach flach. Durch den Hohlschliff lassen sich auch bei starken Klingen relativ feine Schneiden erreichen. Zudem erhält die Klinge eine edle Optik. Eine hohlgeschliffene Klinge mit sehr feiner Schneide würde sich aber beim Hacken im Material festsetzen. Eine dafür besser geeignete Klinge mit balligem Schliff ist für Druckschnitte weniger geeignet. Unser Messer soll daher einen durchgehenden Flachschliff erhalten, mit dem sich ein flacher Schliffwinkel erreichen lässt und der zudem einfach zu schärfen ist.

Unsere Anforderungen deckt insgesamt die Stahlsorte Böhler N690 weitestgehend ab. Dieser Stahl ist rostträge, bildet eine hinreichend feine Schneide aus, lässt sich gut bearbeiten und ist zudem auch noch preiswert.

Er wird üblicherweise vakuumgehärtet. Als sogenannter Ölhärter (ein Stahl, der zum Härten in Öl abgeschreckt wird) muss eine Klinge aus N690 nach dem Härten nur noch mit 600er Papier nachbearbeitet werden und kann anschließend gefinisht werden.

Das Griffmaterial

Als Griffmaterial haben wir uns für Kuhhorn und Maserbirke beim Steckangelmesser und französisches Buchsbaumholz beim Flachangelmesser entschieden. Grundsätzlich ist die Auswahl des Griffmaterials Geschmackssache. Holz hat den Vorteil der problemlosen Verfügbarkeit und kann einfach bearbeitet werden, neigt jedoch – wie viele andere Naturmaterialien – dazu, nach der Fertigstellung des Werkstücks noch zu arbeiten.

Natürlich geht es beim Griffmaterial auch um die Optik. Aber niemand will, dass die mühsam gearbeitete Passung nach wenigen Stunden Aufenthalt in trockener Heizungsluft aufplatzt. Deshalb ist die Verwendung von stabilisiertem, also in Kunstharz getränktem, Holz eine Überlegung wert. Alternativen sind sehr harte und dichte Hölzer wie Wüsteneisenholz, Grenadill, Buchsbaum und Ebenholz, die wenig arbeiten.

Stabilisierte Hölzer haben eine Haptik, die an Kunststoff erinnert. Das liegt an dem verwendeten Kunstharz. Dieses Griffgefühl gefällt nicht jedem. Verwendet man dagegen natürliche Materialien, muss man sich damit abfinden, dass es auf lange Sicht zu Veränderungen bei Volumen und Farbton und schlimmstenfalls auch zu Rissen kommt. Um diesen Problemen vorbeugend zu begegnen, können Griffschalen mit leichtem Übermaß montiert werden.

Bei der Bearbeitung des Griffmaterials muss man mögliche gesundheitliche Risiken berücksichtigen. Der Staub vieler Tropenhölzer ist toxisch oder zumindest allergen, das gleiche gilt für den Staub und die Fasern von Verbundmaterialien. Stabilisierte Hölzer enthalten Acrylharze, Perlmutt ist arsenhaltig, Carbonfasern sind lungengängig. Deshalb wiederholen wir hier noch einmal den Sicherheitshinweis vom Beginn: Der Einsatz von geeigneten Atemschutzmasken und Absauganlagen wird dringend empfohlen. Bei der Auswahl geeigneter Materialien und bei Fragen zum Umgang mit diesen Materialien helfen die Anbieter von Messermacherbedarf gerne weiter.

Das Werkzeug

Das Thema dieses Bands ist die Herstellung eines Messers mit einfachen Mitteln. Die dafür unverzichtbaren Werkzeuge sollten in vielen Fällen bereits im Hobbykeller vorhanden sein. Andernfalls sind sie für relativ kleines Geld in jedem Baumarkt erhältlich:

- Metallsäge
- Schleifleinen und -papier (Schleifleinen in den Körnungen 120, 180, 240 und 400, Schleifpapier in den Körnungen 600 und eventuell 800)
- Feilen und Raspeln
- Anreißzirkel oder Höhenreißer
- Rundfeile
- Metallbohrer
- Formteile zum sauberen Schleifen von Rundungen
- Parallelzwinge (alternativ Schraubzwingen)
- Kräftige Schere (für Pappe geeignet)
- Edding-Stift (wasserfest, weiß funktioniert gut, andere Farbe geht aber auch)

Außerdem werden eine stabile Klemmvorrichtung, idealerweise ein Schraubstock, und für einige wenige Löcher eine Ständerbohrmaschine gebraucht. Während die Klemmvorrichtung unverzichtbar ist, kann man sich wegen der Ständerbohrmaschine auch an den Nachbarn oder einen Handwerksbetrieb in die Nähe wenden. Es geht ja nur um drei Bohrungen!

Der „Werkzeugpark" im Überblick: Metallsäge auf dem Schleifleinen/-papier, Feilen, Raspeln, Anreißzirkel, Formteile, Bohrer, Parallelzwinge. Die Feilen mit den orangen Griffen sind günstige Baumarktware, die unten liegenden Feilen und Raspeln stammen aus dem Fundus und sind nicht unbedingt erforderlich. Hilfreich ist allerdings die Rundfeile mit dem blauen Griff.

Parallelzwingen sind nützlich, aber nicht unverzichtbar. Diese Ausgabe kann man sich sparen.

Alternativ zum hier abgebildeten Anreißzirkel kann auch ein sogenannter Höhenreißer verwendet werden.

DAS FLACHANGELMESSER

Der Entwurf

Grundsätzlich bietet ein Flachangelmesser sehr viel Freiheit beim Design. Wir haben uns für ein relativ kleines Messer mit einer Klingenlänge von knapp zehn Zentimetern und einem ebenso langen Griff entschieden. Die Nase auf der Klinge ist ein ergänzendes Designelement und verleiht dem Entwurf insgesamt Schwung.

Bei der Festlegung des Verhältnisses von Klingen- zu Grifflänge kommen neben ästhetischen Überlegungen auch Fragen wie der angestrebte Einsatzzweck des Messers ins Spiel. Für ein handliches Allroundmesser gelten andere Kriterien als beispielsweise für ein Küchenmesser. Zu diesen Fragen ebenso wie zur Auswirkung der Klingengeometrie auf das Schneidverhalten sei auf die vielfältigen – und nicht immer abschließenden – Diskussionen verwiesen, beispielsweise im Messerforum (www.messerforum.net).

MATERIAL

Neben dem im Kapitel „Vorüberlegungen" beschriebenen Werkzeug benötigen wir folgendes Material:

- Flachstahl
- Griffmaterial (für dieses Messer französischer Buchsbaum)
- Zweikomponentenkleber
- Nietmaterial (Nietstifte aus Rundmaterial oder Röhrchen)
- Bleistift, Papier, Pappe, Papierkleber
- Holzöl (zur Behandlung des Griffholzes)

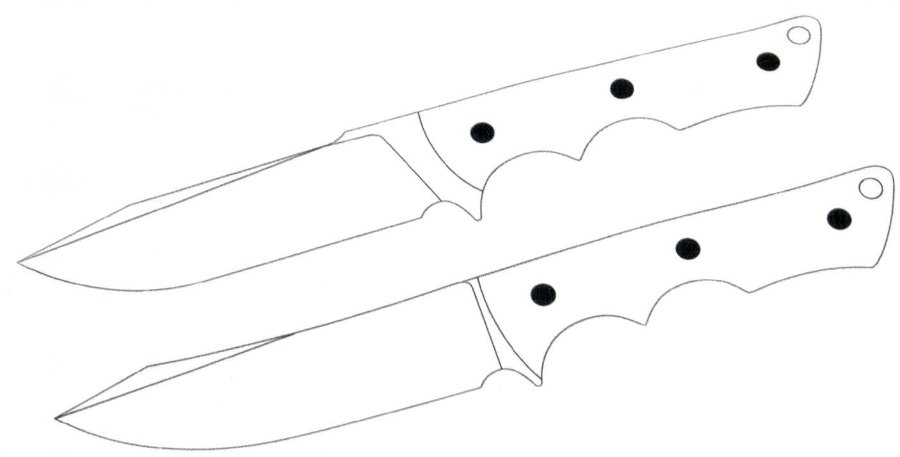

Die beiden Entwürfe oben unterscheiden sich vor allem beim Klingenrücken (falsche Schneide, Daumenrampe) und im Schwung des Ricassos. Um der Wahrheit die Ehre zu geben: Das fertige Messer liegt am Ende ziemlich genau dazwischen, bei unseren Fertigungstoleranzen ist also noch Luft nach oben.

Der Entwurf wird auf stabile Pappe geklebt und sorgfältig ausgeschnitten.

Besonderes Augenmerk gilt dem Handschutz sowie den Fingermulden.

Die Handlage lässt sich mit dem Modell nur halbwegs realitätsnah testen, wenn die Fingermulden sorgfältig ausgeschnitten werden.

Was uns auf dem Papier gefällt, soll später gut in der Hand liegen. Deshalb schneiden wir den Entwurf grob vor und kleben ihn auf ein möglichst stabiles Stück Pappe.

Indem wir die Pappe nun sorgfältig an den Linien des Entwurfs ausschneiden, erhalten wir ein Pappmodell, mit dem wir die Handlage prüfen können. Es bietet sich an, eine Zeit lang mit dem Entwurf herumzuspielen. Zeigt sich dabei, dass irgendwas am „Mustermesser" stört, kann der Entwurf entsprechend nachbearbeitet und erneut getestet werden.

In dieser Hand passt's. Erst wenn wir mit der Handlage – auch in unterschiedlichen Griffhaltungen – und dem Erscheinungsbild unseres Entwurfs insgesamt zufrieden sind, wenden wir uns dem nächsten Arbeitsschritt zu.

Vorbereiten des Rohlings

Für unser Projekt haben wir aus den oben bereits erörterten Gründen den Stahl Böhler N690 gewählt. Da der Flachstahl in einer praxistauglichen Stärke von 3,5 Millimetern zu haben ist, müssen wir nur wenig Material abtragen.

Wir übertragen die Kontur der Schablone mit einer Anreißnadel auf den Flachstahl. Wenn keine Anreißnadel vorhanden ist, kann natürlich auch ein Anreißzirkel verwendet werden. Besonders sorgfältig sollte an den Fingermulden angezeichnet werden, da diese dafür verantwortlich sind, dass die Handlage des Messers weitgehend der des Modells entspricht.

Ideal ist es, wenn die Maße des Flachstahls dem Messer schon weitgehend entsprechen: Das spart Material – und natürlich Arbeit beim Abtragen desselben.

Hier ist der Umriss gut erkennbar. Die gelben Ziffern sind übrigens die vom Stahlinstitut VDEh vergebene Werkstoffnummer des Stahls, während Böhler N690 ein Handelsname ist.

Mit einem Edding-Stift zeichnen wir Linien auf den Flachstahl, die uns als Anhaltspunkt für das Aussägen des Rohlings mit der Metallsäge dienen.

Das sorgfältige Aussägen des Rohlings spart uns später Muskelschmalz beim Führen der Feile. Der Flachstahl wird im Schraubstock fixiert und bei Bedarf umgespannt. Nun können wir den Rohling an den weißen Linien entlang aussägen.

Dabei können die Backen des Schraubstocks als Führungshilfe genutzt werden.

Der Klingenrücken wird vorgesägt. Hier ist gut zu erkennen, wie die Backen des Schraubstocks als Führungshilfe für die Säge dienen.

Da wir recht eng an den Konturen des eigentlichen Rohlings gearbeitet haben, bleibt nach dem Sägen nicht mehr allzu viel Material abzutragen.

ARBEITEN MIT RASPEL UND FEILE

Feilen werden nach Größe, Form des Feilenkörpers, Hieb sowie der Form der eingebrachten Zähne unterschieden. Bei Raspeln werden die Zähne anders als bei Feilen einzeln eingeschlagen. Werden die Zähne gehauen oder geschnitten (negativer Spanwinkel), wirken sie schabend. Gefräste Zähne (positiver Spanwinkel) wirken schneidend. Neben dem Profil der Zähne variieren auch Anzahl und Verteilung der Zähne auf dem Feilenkörper.

Als Hieb wird die Gesamtheit der Feilenzähne bezeichnet, die durch Hauen, Schneiden oder Fräsen in den Feilenkörper eingebracht wurden. Grundsätzlich gilt, dass härtere Werkstoffe mit feinerem Hieb bearbeitet werden.

Für weichere Werkstoffe – und dazu zählen auch weichere Metalle – werden einhiebige Feilen verwendet, da der große Abstand zwischen den Zähnen sicherstellt, dass kein Material haften bleibt und die Feile sich nicht zusetzt. Bei härterem Material kommen zweihiebige Feilen zum Einsatz. Bei diesen Feilen hat der so genannte Unterhieb eine

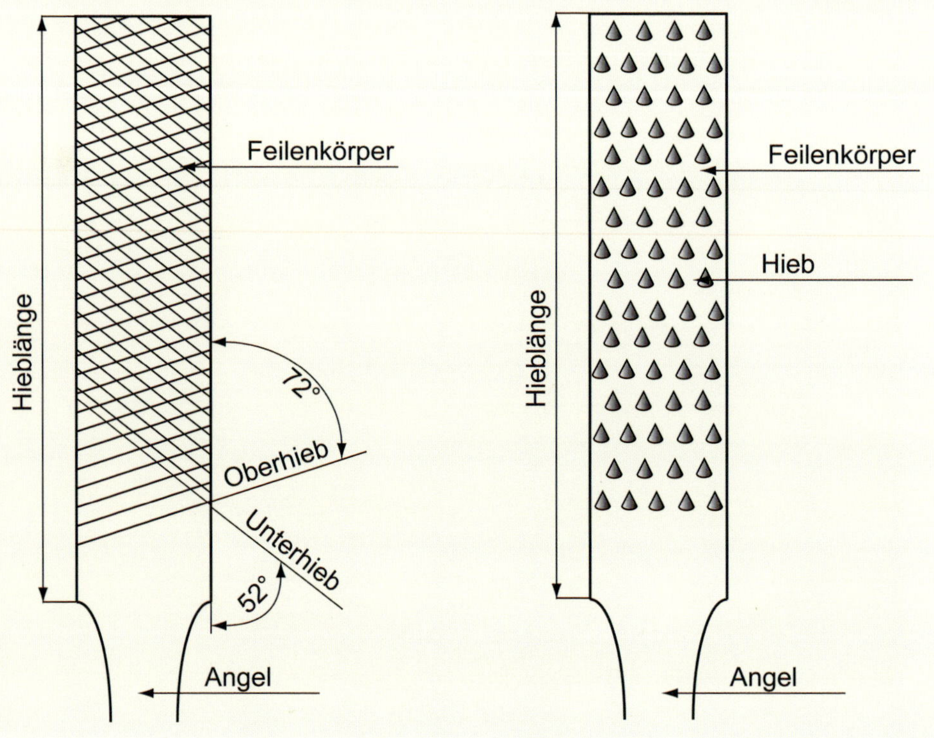

Neigung von etwa 50°, der kreuzende Oberhieb eine Neigung von ca. 70°. Dabei bildet der Oberhieb die eigentliche Schneide, während der kreuzende Unterhieb, der üblicherweise tiefer und enger als der Oberhieb eingeschlagen ist, die Späne brechen soll. Die Neigung zueinander sorgt für einen Versatz zwischen den einzelnen Zähnen, damit im Werkstoff keine Riefen entstehen.
Die Hiebzahl bezeichnet die Anzahl der Einkerbungen pro Zentimeter bzw. bei Raspeln die Anzahl der Zähne pro Quadratzentimeter. Die Nummer dient zur Unterscheidung der Feilen. Typische Feilen haben die Hiebnummern 00 oder 0 (Schruppfeilen für Holz und weiche Werkstoffe), Hieb 1 (gröbere Halbschlichtfeilen) bis zu Hieb 2, 3 und 4 (Schlichtfeilen). Sehr feine Präzisionsfeilen reichen bis Hieb 10.

BEDEUTUNG DER HIEBNUMMERN

Feilen mit identischer Hiebnummer haben längenabhängig unterschiedliche Hiebzahlen. Die Anzahl der Hiebe pro Zentimeter ist folgender Tabelle zu entnehmen:

Hiebnummer	Bezeichnung (Fachbezeichnung)	Hiebzahl
Hieb 0	grob (Doppelbastardfeile)	4,5 - 10
Hieb 1	mittelgrob (Bastardfeile)	5,3 - 16
Hieb 2	mittelfein (Halbschlichtfeile)	10 - 25
Hieb 3	halbfein (Schlichtfeile)	14 - 35
Hieb 4	fein (Doppelschlichtfeile)	25 - 50
Hieb 5	sehr fein (Feinschlichtfeile)	40 – 71

Feilen gibt es in unterschiedlichen Querschnitten: rechteckig, dreieckig, rund, rautenförmig, halbrund usw. Für Flächen verwenden wir in der Regel Flach- oder Halbrundfeilen. Für die Arbeit zum Ricasso hin verwenden wir eine Rundfeile. In diesem Fall ist es sinnvoll, für die Klingenfläche eine Feile mit einer unbehauenen Seite zu verwenden, damit das Ricasso nicht ungewollt beschädigt wird.
Es geht aber auch anders: der Übergang am Ricasso kann mit einer Mühlsägefeile gefeilt werden, die an den abgerundeten Kanten einen Einhieb aufweist. So schaffen wir beim Arbeiten an der Fläche einen runden Übergang.
Feilen sollten regelmäßig mit einer Feilenbürste gereinigt werden. Setzt sich der Abrieb zwischen den Feilenzähnen fest, wirkt die Feile beim Arbeiten stumpf oder arbeitet unsauber.

Ausarbeiten des Rohlings

Nun wird unser Rohling zunächst mit der Feile und anschließend Schleifleinen/-papier in seine endgültige Form gebracht.

Bevor wir uns mit der eigentlichen Klinge beschäftigen, bearbeiten wir die Kontur des Rohlings. Zunächst arbeiten wir mit einer mittelgroben Flachfeile (Hieb 1) die Kontur an den Geraden heraus.

Dann verwenden wir eine ebenfalls mittelgrobe Halbrundfeile, um die Rundungen herauszuarbeiten.

Je weiter wir uns der endgültigen Form des Rohlings annähern, desto vorsichtiger müssen wir vorgehen, um nichts zu „vermacken" (Messermacher-Wortschöpfung für: keine Riefen an unerwünschter Stelle, keine Überschreitung der aufgezeichneten Maße usw.).

Die Fingermulden werden sorgfältig mit der Halbrundfeile ausgearbeitet. Der Radius der Feile sollte zu dem der Mulden passen, er darf auf jeden Fall nicht größer sein.

Wir vergleichen den Rohling regelmäßig mit der Schablone, damit nicht zu viel Material abgetragen wird.

Hier sehen wir noch einige Abweichungen zum Modell, zum Beispiel im Bereich der Schleifkerbe und des Fingerschutzes.

Um die Schleifkerbe auszuarbeiten, spannen wir die Klinge im angestrebten Winkel in den Schraubstock ein.

Dann schleifen wir bündig bis auf die Spannbacken des Schraubstocks herunter.

Auch die Arbeit an der Schleifkerbe kontrollieren wir regelmäßig mit der Schablone.

Für die Feinarbeit kommt eine feine Rundfeile mit Hieb 2 zum Einsatz. Jetzt sind wir soweit, dass wir mit Schleifleinen/-papier arbeiten können.

ARBEITEN MIT SCHLEIFLEINEN/-PAPIER

Wie bei Werkzeug generell ist es auch beim Kauf von Schleifpapier beziehungsweise Schleifleinen sinnvoll, auf gute Qualität zu achten. Mit gutem Schleifpapier und Schleifleinen kann man sauberer und länger arbeiten. Schleifpapier und Schleifleinen unterscheiden sich durch das Trägermaterial. Schleifleinen ist dementsprechend haltbarer und insbesondere bei größeren Körnungen sinnvoll. Zudem setzt es sich nicht so schnell zu.
Ein Tipp: Schleifleinen/-papier sollte getrennt nach der Körnung gelagert werden, zum Beispiel in einer Unterschriftenmappe, damit keine größeren Körner auf das feine Schleifleinen/-papier gelangen und dann bei der Arbeit mit feinem Schleifleinen/-papier tiefe Riefen entstehen, die mühsam entfernt werden müssen. Flächen sollten immer auf einer harten Schleifunterlage (Holz, Metall) bearbeitet werden. Das gilt besonders für Arbeiten an Übergängen, etwa am Ricasso, wenn saubere und klar definierte Kanten entstehen sollen. Für das Schleifen von Rundungen am Griff verwenden wir Schleifleinen, weil sich das flexiblere Trägermaterial besser um die Formklötze legt und dabei keine unerwünschten Kanten bildet. Beim Schleifen muss jeder Arbeitsschritt vollständig abgeschlossen werden, bevor mit dem nächsten Arbeitsschritt begonnen wird. Das Finish mit der jeweiligen Körnung muss einwandfrei und gleichmäßig sein. Außerdem ändern wir bei jedem Wechsel der Körnung die Schleifrichtung. Wir schleifen also Körnung auf Körnung immer im 90°-Winkel zueinander.

Unterschiedliche Formklötze zur Arbeit an der Kontur.

Im Schneidenbereich sparen wir uns die Arbeit mit dem 240er Schleifleinen, da hier ja noch Material abgetragen wird, um die Schneide zu formen. Es hat einen weiteren Vorteil, wenn wir die Bearbeitung mit 180er Schleifleinen quer zur Klinge beenden: Die noch anzureißende Mittellinie, also der Schneidenverlauf, ist deutlich besser erkennbar, wenn sie im 90°-Winkel zum letzten Schleifverlauf liegt.

Zunächst schleifen wir die Kontur mit 180er Schleifleinen quer, dann mit 240er Schleifleinen längs.

Bei der Bearbeitung des Rohlings mit Schleifleinen/-papier kommen verschiedene Formteile als Schleifklötze zum Einsatz, um die gewünschten Innenradien am Griff zu erhalten. Das Blech soll hier nur den fotografisch schwer einzufangenden Radius des Formstücks verdeutlichen.

Hier arbeiten wir mit 180er Schleifleinen quer zum Rücken des Messerrohlings, anschließend wieder mit 240er Schleifleinen längs.

Für die Ausarbeitung der Fingermulden verwenden wir ein Rundmaterial, dessen Radius dem der Halbrundfeile ähnlich ist, mit der wir die Fingermulden vorgeformt haben.

Auch die Radien werden mit 180er Schleifleinen und dem zuvor ausgewählten Rundmaterial quer zum Rohling geschliffen.

Das Schleifleinen sollte entlang der Leinenstruktur im Trägermaterial umgelegt oder gefaltet werden, um Risse und ungerade Verläufe im Schleifleinen zu vermeiden, die andernfalls zu einem unsauberen Arbeitsergebnis führen können.

Hier sind die ausgearbeiteten Radien der Griffmulden mit dem quer zum Material verlaufenden Schleifstrich gut zu erkennen.

Die Schleifkerbe kann mit der zuvor verwendeten Rundfeile als Rundmaterial nachbearbeitet werden. Um ein Abstumpfen der Rundfeile zu vermeiden, kann auch ein geeigneter Bohrer (hier 7,5 mm) als Rundmaterial verwendet werden.

Nachdem die Kontur des Rohlings fertiggestellt ist, entgraten wir die Flächen. Zum Entgraten verwenden wir 180er Schleifleinen auf einem Schleifklotz.

Nun vergleichen wir den Rohling ein letztes Mal mit der Schablone und prüfen seine Handlage. Sind keine Nacharbeiten erforderlich, können wir uns mit der eigentlichen Klinge beschäftigen.

Zunächst reißen wir die Mittellinie des Rohlings (also die Position der Schneide) mit dem Anreißzirkel an.

Der letzte Schliff auf der Schneidenseite erfolgte mit 180er Schleifleinen quer zum Rohling (während die übrige Kontur mit 240er Schleifleinen längs geschliffen wurde). Dadurch ist die Anreißlinie im Schneidenbereich gut zu erkennen.

Wir markieren die Position, an der der Anschliff enden soll.

Zunächst wird auf beiden Seiten ein kurzer Anschliff hergestellt, um die Klingenmitte und damit die Schneide zu definieren. Auf diesen Fotos ist der Rohling mit Parallelzwingen fixiert. Sind diese nicht verfügbar, müssen zunächst die Nietlöcher gebohrt werden, damit der Rohling mit Schrauben fixiert werden kann, siehe Seiten 40/41.

Jetzt ziehen wir den Klingenschliff bis auf etwa ein Drittel der Klingenhöhe.

Wichtig beim Arbeiten mit der Feile: Mit Druck schieben, ohne Druck ziehen, damit sich die Späne aus dem Hieb lösen können.

Wir feilen kreuzweise, um die Planheit der Schleiffläche besser kontrollieren zu können: Ergibt sich eine gleichmäßige Kreuzschraffur, ist die Fläche plan.

Nachdem der kurze Anschliff auf beiden Seiten des Rohlings fertiggestellt wurde, übertragen wir zur Vorbereitung des nächsten Arbeitsschritts die Positionen der Nietlöcher auf den Rohling.

Wir bohren mit einem Metallbohrer, der dem Durchmesser des Nietmaterials entspricht (hier 4 mm), die drei Nietlöcher in den Rohling. Diese Bohrungen können wir auch nutzen, um den Rohling mit Schrauben zu fixieren, falls keine Parallelzwingen verfügbar sind.

Der Rohling wird unter Verwendung der Bohrungen für das Nietmaterial mit zwei Schrauben auf einem planen Reststück Holz fixiert, das dann eingespannt werden kann, ohne den Rohling zu beschädigen.

Wir ziehen den Anschliff jetzt bis zum Klingenrücken hoch, halten dabei aber Abstand zum angezeichneten Ricasso. Wieder wird kreuzweise geschliffen, um die entstehende Fläche besser auf Planheit kontrollieren zu können.

Mit der Rundfeile arbeiten wir jetzt das Ricasso aus.

Zwischen dem mit der Rundfeile ausgearbeiteten Teil und dem restlichen Klingenschliff steht noch ein Steg. Die angerissene Mittellinie, die die Schneide kennzeichnet, ist ebenfalls gut zu erkennen.

Beim Entfernen des Stegs mit einer Flachfeile müssen wir besonders vorsichtig vorgehen, um das gerade sorgfältig ausgearbeitete Ricasso und die Klingenfläche nicht zu verunstalten. Alternativ können wir mit der Rundfeile vorsichtig schräg von oben gegen den Steg arbeiten und dabei ausreichenden Abstand zu den Flächen halten, die nicht mehr verändert werden sollen.

Es folgt die Nachbearbeitung des Klingenanschliffs mit Schleifleinen/-papier. Wir beginnen mit 180er Schleifleinen. Falls der Klingenanschliff noch tiefere Schleifriefen aufweist, kann auch grobkörnigeres Schleifleinen verwendet werden.

Der Steg kann vorsichtig mit einer Flachfeile entfernt werden.

Mit 180er Schleifleinen wird quer zum Rohling geschliffen.

Anschließend schleifen wir längs, diesmal mit 240er Schleifleinen.

Jetzt konturieren wir die Nase, die unserem Entwurf das gewisse Etwas verleiht. Zunächst zeichnen wir mit einem Edding an, wie tief die Nase reichen soll.

Nun folgt wieder das schon beschriebene Vorgehen: Wir nehmen den Grundschliff mit der Feile vor…

…und arbeiten dann mit 180er Schleifleinen quer und mit 240er Schleifleinen längs.

Anschließend arbeiten wir mit 400er Schleifleinen quer und schließlich mit 600er Schleifleinen längs. Wir legen 400er Schleifleinen um einen Formklotz und arbeiten quer zum Rohling.

Besonderes Augenmerk gilt wieder dem Ricasso, damit wir die definierte Kante nicht verschleifen.

Dieses Bild zeigt die gleiche Arbeit auf der anderen Seite des Rohlings.

Ein Zwischenstand: Zum Fertigstellen des Übergangs am Ricasso wird vom Ricasso in Richtung Klingenspitze gearbeitet. Anschließend bearbeiten wir die Klinge in Längsrichtung mit dem 600er Schleifpapier. Der Glanz zeigt uns, ob das Finish über die gesamte Klingenlänge gleichmäßig ist.

Mit Formteil und gefaltetem Schleifpapier arbeiten wir vom Ricasso in Richtung Klingenspitze.

Für das Finish (600er Schleifpapier in Längsrichtung) verwenden wir ein frisches Stück Schleifpapier, um die jetzt schon recht feine Oberfläche nicht dadurch zu ruinieren, dass wir mit anhaftenden Spänen an gebrauchtem Schleifpapier Riefen erzeugen.

Auch die Konturen werden mit 600er Schleifpapier nachbearbeitet.

Das Ergebnis (vor dem Härten) kann sich sehen lassen! Das Werkstück wird jetzt gehärtet. In den meisten Fällen übernimmt das der Händler, bei dem Sie den Klingenstahl erworben haben, üblicherweise in Zusammenarbeit mit einer Lohnhärterei. Dieses Vorgehen hat den Vorteil, dass der verwendete Stahl bekannt ist und normalerweise keine Probleme beim Härten auftreten. Unten im Bild das Ergebnis danach.

Der Griff

Bei Flachangelmessern ist die Verwendung eines harten Holzes (oder eines anderen harten Materials) sinnvoll, damit saubere Übergänge zum Stahl geschaffen werden können. Zudem arbeitet Hartholz normalerweise weniger. Hölzer werden ab einer Dichte von 0,7 g/cm³ als Hartholz bezeichnet.

Wir haben uns für ein Stück französischen Buchsbaum entschieden. Es handelt sich mit einer Dichte von 0,9 bis 1,03 g/cm³ um das wohl härteste europäische Holz, das auch in seinem Herkunftsland häufig für Messergriffe verwendet wird.

Das Griffmaterial soll vernietet werden. Die dafür erforderlichen Löcher haben wir bereits gebohrt, um das Messer beim Feilen fixieren zu können.

Die gehärtete Klinge, das bereits der Länge nach geteilte Griffholz und das Nietmaterial (hier ein Röhrchen).

Zunächst zeichnen wir eine Bohrung (vorne oder hinten) für das Nietmaterial an.

Nun bohren wir das Loch mit Hilfe einer Ständerbohrmaschine.

Wir sägen uns Niete in der richtigen Länge – zweimal Stärke des Griffholzes plus Klingenstärke plus Übermaß – zurecht.

Dabei kommt wieder die Metallbügelsäge zum Einsatz.

Wir entgraten die Niete mit einer nicht zu groben Feile (Hieb 2 oder 3). Alternativ kann 180er Schleifleinen verwendet werden.

Der Rohling wird mit einem Niet am Schalenmaterial befestigt.

Das zweite Nietloch bohren wir durch den Rohling. So wird ein Auswandern des Bohrers verhindert, und es treten keine Spannungen im Holz aufgrund unpräzise geführter Bohrungen auf.

Die Stifte müssen sich leicht einführen lassen: Da Bohrungen in Holz dazu neigen, etwas zuzugehen, kann anstelle des 4-mm-Bohrers auch ein Spezialbohrer mit 4,1 mm verwendet werden. Ist ein solcher Spezialbohrer nicht verfügbar, können wir den Umfang des Nietmaterials mit Schleifleinen etwas verringern.

Grundsätzlich gilt für Holz und andere Naturmaterialien, dass sie arbeiten. Dadurch entstehen Spannungen im Material. Aus diesem Grund sollten wir nicht bereits bei der Bearbeitung Spannungen provozieren, die sich andernfalls nach kurzer Zeit in unschönen Rissen zeigen können.

Einige Hölzer wie das gern verwendete Schlangenholz neigen stärken zur Rissbildung als andere. Wer sich unsicher ist, sollte sich an den Materialhändler seines Vertrauens wenden, der sicher Rat weiß und normalerweise für wenig Geld ein schönes Griffmaterial anbieten kann.

Nachdem der Rohling mit dem zweiten Niet am Holz fixiert wurde, bohren wir das verbliebene Loch ebenfalls durch den Rohling an exakt der richtigen Position.

Da die zwei Nietstifte den Rohling sicher an der Holzschale fixieren, können wir die Kontur des Rohlings präzise und ohne Verrutschen auf das Schalenmaterial übertragen.

Das Schalenmaterial stammt aus einem längs geteilten Stück. Deshalb muss darauf geachtet werden, das richtige Stück für die richtige Seite des Rohlings zu verwenden. Andernfalls kommt es im gedachten Maserungsverlauf über den Klingenrücken beziehungsweise die Klingenunterseite zu unschönen Brüchen.

Die Schale wird mit R (rechts) gekennzeichnet, damit es später nicht zu Verwechslungen kommt (rechts ist die beim Blick auf den Klingenrücken mit der Spitze vom Körper wegweisend rechts befindliche Seite des Rohlings). Die beschriebenen Schritte müssen für die zweite Schale wiederholt werden (diese wird natürlich mit L für links gekennzeichnet).

Wir zeichnen den Verlauf der Vorderseite des Griffholzes an. Die Vorderseite muss schon jetzt sehr sorgfältig und präzise ausgeführt werden, da sie nach der Montage des Griffmaterials nicht nachbearbeitet werden kann, ohne Kratzer im Klingenfinish zu riskieren.

Wir feilen die Vorderkante in Form. Dabei kommt eine Feile mit Hieb 2 oder 1 zum Einsatz. Beim Feilen müssen wir darauf achten, keine Splitter aus der Holzkante zu reißen. Da manche Hölzer anfälliger als andere sind, kann hier vorsichtshalber ein Test an einem der beim Sägen angefallenen Reststücke durchgeführt werden. Alternativ können wir längs zur Kontur feilen oder statt der Feile 180er Schleifleinen verwenden.

Am Rohling prüfen wir, ob der gefeilte Bogen passt und eine gefällige Form aufweist.

Wir richten die Schalen mit Hilfe der Stifte aneinander aus.

Die Vorderkante der ersten Griffschale dient uns jetzt als Schablone für die Ausarbeitung der Vorderkante der zweiten Griffschale.

Beim Feilen setzen wir jetzt schräg an, um Ausrisse zu vermeiden. Außerdem soll die Vorderkante des Griffs angeschrägt werden – das verbessert Aussehen und Griffgefühl gleichermaßen.

Wir bearbeiten die Vorderkante der Griffschalen nacheinander mit Schleifleinen der Körnungen 180, 240 und 400 sowie Schleifpapier der Körnung 600 – abwechselnd quer und längs.

Wenn wir mit dem Ergebnis zufrieden sind, ölen wir die Vorderkante mit unserem Holzöl (siehe Materialliste), damit kein Kleber in die Poren eindringt, während wir die Griffschalen auf den Rohling kleben.

Wir spannen das Schalenpaar ein und sägen die Kontur mit der Bügelsäge vor, um die späteren Feil- und Schleifarbeiten zu erleichtern.

Der aktuelle Arbeitsstand: Alle groben Arbeiten am Holz sollten möglichst frühzeitig ausgeführt werden, damit vorhandene oder durch Bearbeitung entstehende Spannungen im Material abgebaut werden können, bevor die Griffschalen montiert, also verklebt werden. Gerade wenn der Lagerzustand des Holzes nicht bekannt ist, kann es sinnvoll sein, das gerade bearbeitete Holz einen Tag oder länger ruhen zu lassen und dann erneut zu prüfen, ob es plan ist. Werden Abweichungen festgestellt, kann jetzt noch problemlos nachgearbeitet werden.

Die Schalen werden jeweils auf der Kontaktfläche zum Rohling plangeschliffen. Was wir dazu brauchen, ist eine stabile und ebene Fläche sowie Schleifleinen der Körnung 180.

Wir kontrollieren Sitz und Aussehen der Schalen am Rohling.

Da die Griffschalen mit Zweikomponentenkleber verklebt werden sollen, müssen die Flanken des Rohlings sorgfältig gereinigt werden, zum Beispiel mit Waschbenzin oder Spiritus (Empfehlungen des Kleberherstellers beachten). Bei öligen Hölzern wie Thuja oder Olive sollten auch die Auflageflächen der Griffschalen mit einem in Spiritus getränkten Lappen abgewischt werden, um eine sichere Klebung zu ermöglichen.

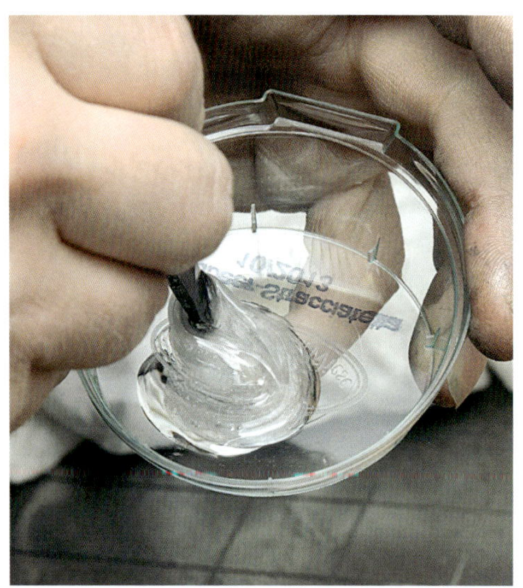

Der Zweikomponentenkleber wird gemäß Herstelleranleitung angerührt.

Zunächst bestreichen wir die Schalen dünn und gleichmäßig mit dem Zweikomponentenkleber.

Nun ist der Rohling an der Reihe.

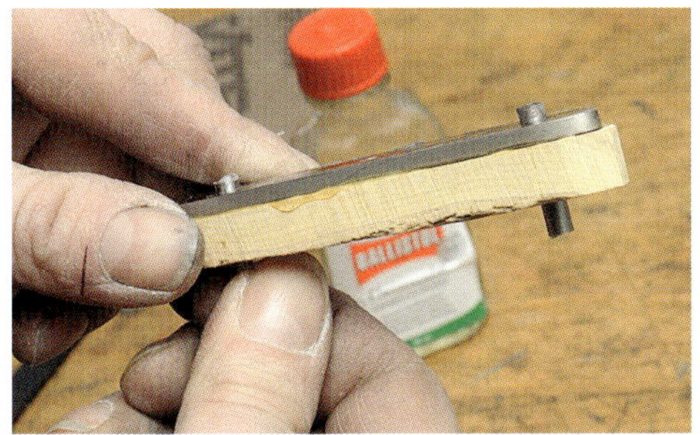

Mit Hilfe der Niete können wir die Schale präzise auf dem Rohling platzieren.

Die zweite Schale müssen wir nur noch aufsetzen.

Wir ziehen die Parallelzwingen (alternativ Schraubzwingen) nur handfest, um keine Spannungen im Material zu erzeugen. Der Kleber sollte vor weiteren Arbeitsschritten mindestens zwölf Stunden aushärten (auch hier die Empfehlungen des Kleberherstellers beachten).

Die Klinge wird mit Küchenpapier und anschließend mit Paketklebeband oder Ähnlichem umwickelt, um das Finish der Klinge vor möglichen Beschädigungen bei den weiteren Bearbeitungsschritten zu schützen. Das Küchenpapier schützt das Finish wiederum vor der ätzenden Wirkung des Klebebands.

In den folgenden Schritten wird das Griffmaterial mit den bereits verwendeten Raspeln, Feilen und Rundstücken an die Klingenkontur angepasst. Mit der Raspel sollte man dabei möglichst schräg zum Verlauf der Maserung arbeiten, um Absplitterungen zu vermeiden.

Zunächst bearbeiten wir die Oberseite mit einer flachen Raspel.

In den Fingermulden auf der Unterseite kommt eine Halbrundraspel zum Einsatz.

Gearbeitet wird langsam zum Metall hin, um die Gefahr von Absplitterungen zu reduzieren. Ein kleiner Materialüberstand muss bleiben, da sich ja noch Raspelriefen im Holz befinden, die später mit Schleifleinen/-papier entfernt werden.

Ein Zwischenstand.

Hier ist noch gut die ungleichmäßige Stärke der Griffschalen zu erkennen, die nun angeglichen wird.

Gleichzeitig werden die Niete gekürzt (ebenfalls mit der Feile). Die Niete werden beidseitig bündig bis aufs Holz abgefeilt.

Um dem Griff eine bessere Handlage zu verleihen, soll er auch seitlich konturiert werden. Dazu zeichen wir die Kontur zunächst an. Das kann per Augenmaß gemacht werden. Die Linien können aber auch von einem vorhandenen Messer abgenommen oder unter Verwendung einer Klebebandrolle oder eines ähnlichen gekrümmten Gegenstands angezeichnet werden.

Die Kontur wird angezeichnet, erst auf der einen, dann spiegelbildlich auf der anderen Griffschale.

Wir arbeiten die Konturierung grob mit der Raspel aus.

Mit einer Flachfeile arbeiten wir noch einmal bei den Nieten nach.

Die Kanten der Griffschalen werden mit der Raspel abgeschrägt. Der erste Schritt zu einem abgerundeten Querschnitt.

Nachdem wir die Kontur mit Raspel und Feile grob ausgearbeitet haben, arbeiten wir mit Schleifleinen weiter. Wir beginnen mit 120er Schleifleinen, um die Kontur vorzuformen.

Ist noch größerer Materialabtrag nötig, kann das mit einer feinen Feile gemacht werden, bevor das 240er Schleifleinen verwendet wird.

Durch das Drüberziehen des flexiblen Schleifleinens erzeugen wir ganz automatisch die gewünschten Rundungen.

Für die Ausarbeitung der Fingermulden nehmen wir wieder das zuvor verwendete Rundmaterial zur Hand.

Nun werden die Kanten an den Fingermulden angeschrägt.

Die auf den folgenden Abbildungen gezeigte „Umspannvorrichtung“, bei der das Messer mit Parallelzwingen an einem Holzquader fixiert ist, erlaubt das schnelle Umspannen des Messers im Schraubstock. Alternativ können kleine Schraubzwingen verwendet werden.

Die folgende Feinbearbeitung der Oberflächen erfolgt mit dem Schleifklotz und 240er Schleifleinen.

Dabei müssen wir darauf achten, die zuvor eingearbeiteten Konturen nicht wieder zu verschleifen.

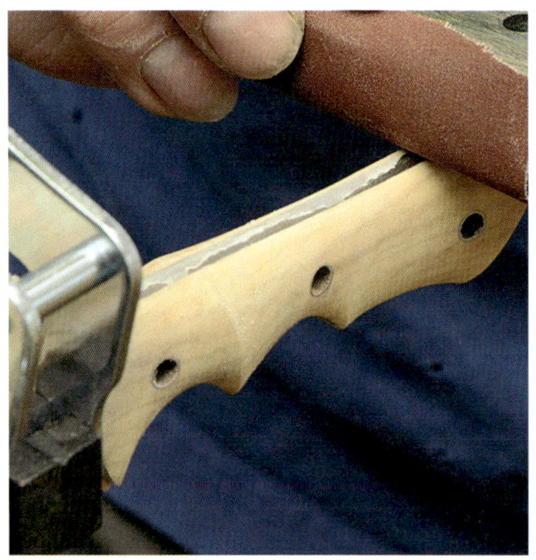

Sobald der Kleber auf dem Klingenrücken abblättert, gehen wir zum 400er Schleifleinen über.

Der Klingenrücken erhält so sein endgültiges Finish. Die Klinge wird dagegen mit 600er Schleifpapier gefinisht.

Das hinlänglich bekannte Rundmaterial kommt in den Fingermulden wieder zum Einsatz – hier zunächst mit 240er Schleifleinen.

Mit dem 240er Leinen wird bis nahe an den angestrebten Endzustand (Bündigkeit von Holz und Metall) gearbeitet.

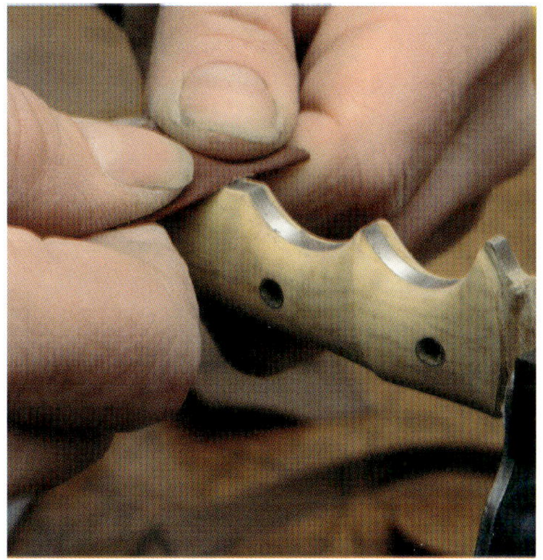

Abschließend stellen wir die Bündigkeit von Griffmaterial und Metall endgültig mit 400er Schleifleinen her.

Die Niete bearbeiten wir mit einem Senker. Das sieht nicht nur besser aus, sondern verhindert zudem, dass dauernd Flusen und andere Verunreinigungen hängen bleiben.

Wenn kein Senker verfügbar ist, kann auch ein schmaler Streifen Schleifleinen zugeschnitten wie abgebildet verwendet werden.

Anschließend ölen wir den Griff mit Leinöl oder Holzöl. Das für den Griff verwendete Öl sollte vernetzend/aushärtend sein, um den Griff gegenüber Feuchtigkeit und Umwelteinflüssen unempfindlicher zu machen. Die Trocknungs-/Einwirkzeit ist den Herstellerempfehlungen zu entnehmen.

Um den Messergriff nicht zu beschädigen, wickeln wir ihn in ein weiches Tuch, bevor wir ihn einspannen. Das Klingenfinish erfolgt mit 600er Schleifpapier in Längsrichtung. Noch edler wirkt das Messer nach einem Finish mit 800er Schleifpapier.

Nachdem wir Klebeband und Küchenpapier von der Klinge entfernt haben, können wir sie mit einer Diamantfeile oder mit einer anderen Methode schärfen. Ausführliche Informationen zum Schärfen von Messern enthält das Büchlein „Messer schärfen leicht gemacht“ von Stefan Steigerwald und Peter Fronteddu.

Das gelungene Klingenfinish ist hier gut zu erkennen: Ein rundum zufriedenstellendes Ergebnis.

DAS STECKANGELMESSER

Der Entwurf

Für unser Steckangelmesser zeichnen wir den Entwurf auf Karopapier. Die Länge von Griff (11,0 cm) und Klinge (9,5 cm) haben wir vorab festgelegt. Diese beiden Werte geben in etwa die Proportionen vor. Das Karopapier erleichtert die Wahrung der Proportionen sowie die Anpassung des Entwurfs.

Die Kurvenradien können gegebenenfalls mit einer Kurvenschablone, aber auch freihand oder mit Hilfsmitteln wie Packbandrollen gezeichnet werden.

MATERIAL

Neben dem im Kapitel „Vorüberlegungen" beschriebenen Werkzeug benötigen wir folgendes Material:

- Flachstahl
- Griffmaterial (für dieses Messer Kuhhorn und Maserbirke)
- Zweikomponentenkleber
- Bleistift, Papier, Pappe, Papierkleber
- Holzöl (zur Behandlung des Griffholzes)

Was uns auf dem Papier gefällt, soll später gut in der Hand liegen. Deshalb schneiden wir uns wieder eine Pappschablone aus, um festzustellen, ob der Entwurf in die Hand passt und nicht zwickt. Der Entwurf wird nachbearbeitet, bis das gewünschte Resultat erzielt ist. In diesem Entwurf haben wir ein Parierstück (Zwinge) vorgesehen, das wir aus Kuhhorn fertigen wollen, während das eigentliche Griffmaterial Maserbirke sein soll.

Beim Ausschneiden der Radien gehen wir möglichst sorgfältig vor, um eine realistische Anmutung zu erreichen.

Je stabiler (und dicker) die Pappe, desto besser lässt sich feststellen, wie das Messer später in der Hand liegen wird.

Ausarbeiten des Rohlings

Wir haben ein Stück Stahl zugeschnitten, dessen Größe für unseren Entwurf ausreicht. Es muss also nicht ganz so lang wie die Schablone sein, da wir eine Steckangel formen wollen, auf die das Griffmaterial aufgesteckt wird. Bei einem Messer dieser Proportionen sollte die Steckangel für eine ausreichende Stabilität eine Länge von mindestens acht Zentimetern aufweisen. Der Flachstahl muss also eine Länge von mindestens 17,5 Zentimetern haben.

Wir übertragen den Entwurf auf den Flachstahl. Dabei kommt wieder der Anreißstift zum Einsatz.

Nun zeichnen wir den Umriss der Steckangel mit Hilfe eines Lineals auf dem hinteren Teil des Rohlings an.

Wir haben hier die Kontur von Klinge und Angel auf dem Flachstahl angerissen.

Die geringere Breite und der konische Verlauf der Angel reduzieren die Materialmenge und verhindern, dass das Messer grifflastig wird. Zugleich wird die Montage des Parierstücks erleichtert. Eine Beeinträchtigung der Stabilität ist nicht zu befürchten, so lange man es nicht übertreibt und die Angel zu schmal macht. Grundsätzlich gilt natürlich, dass die Stabilität des Messers sich mit zunehmender Breite der Angel erhöht.

Die Angel kann mittig angeordnet, aber auch etwas nach oben oder unten versetzt sein. Abhängig ist das letztlich vom Design des Messers: Soll die Klinge nach unten über den Griff hinausragen? Sollen Fingermulden in den Griff eingearbeitet werden?

Zur Arbeitserleichterung kann der Rohling mit der Metallsäge ausgeschnitten werden. Das reduziert die Menge des Materials, das mit der Feile abgetragen werden muss. Im Kapitel 2 (Flachangelmesser) wurde das bereits ausführlich beschrieben.

Pappschablone, Rohling, Kuhhorn und Maserbirke sowie der Zweikomponentenkleber liegen bereit. Die Formgebung des Rohlings haben wir bereits beim Flachangelmesser dargestellt und erfolgt hier auf die gleiche Weise mit Feile und Schleifleinen/-papier.

Der Rohling wird mit der Klinge nach unten so eingespannt, dass sich die Anrisse für die Angel und den Anschlag des Parierstücks auf Höhe der Spannbacken befinden.

Der Anschlag für das Parierstück wird mit der Feile ausgearbeitet.

Auch hier dienen die Backen des Schraubstocks als Führungshilfe.

Nun brechen wir die Kanten an der Klingenoberseite, weil das Messer mit einer eleganten Klingenrundung ausgestattet werden soll.

Bei der weiteren Bearbeitung wird zwischen Schleifleinen und Schleifklotz ein Stück Gummi platziert, um eine sanfte Rundung zu erreichen.

Anschließend wird die gesamte Seitenfläche des Rohlings mit 180er Schleifleinen entgratet.

Wir markieren den vorgesehenen Klingenanschliff auf dem Rohling, indem wir ihn von unserer Schablone übertragen.

Wenn man den Rohling entlang der Markierungen einspannt, kann man die Schraubstockbacken auf beiden Seiten des Rohlings als „Lineal" verwenden.

Wir färben die Seite der Schneide mit einem Edding-Stift, um die Anreißlinie für die Mitte besser sichtbar zu machen.

Beim Anreißen arbeiten wir im Umschlag von beiden Seiten, um zwei Linien zu erzeugen. Diese kennzeichnen die Materialstärke, die vor dem Härten stehen bleiben soll.

Wir beginnen, mit der Feile den Anschliff der Klinge herauszuarbeiten.

Diesen ersten Anschliff ziehen wir möglichst gleichmäßig bis zur Klingenspitze. Eine beleuchtete Lupe erleichtert die Kontrolle und schützt zugleich vor Spänen.

Dieses Bild zeigt den bis zur Klingenspitze gezogenen Anschliff und den Sicherheitsabstand zum Ricasso, das später ausgearbeitet wird.

Auf der rechten Klingenseite wird analog verfahren, bis an der Scheide nur noch die zuvor markierte Materialstärke übrig ist.

Unser erster Anschliffwinkel ist relativ steil.

Es folgt der zweite Anschliff, bei dem wir mit flacherem Winkel eine zweite Fläche anlegen. Edding-Markierungen zeigen schnell, ob wir auch im Bereich der Schneide noch ungewollt Material abtragen.

Nun wird der Anschliff über die gesamte Klingenhöhe hochgezogen.

Gut zu erkennen ist hier das Kreuzschraffurmuster, das entsteht, weil wir beim Feilen im 90°-Winkel arbeiten, um Unebenheiten in der Fläche besser erkennen zu können.

Wie beim Flachangelmesser formen wir den Bereich zum Ricasso mit einer Rundfeile aus.

Hier bleibt noch einiges zu tun. Wir müssen aber vorsichtig arbeiten, um keine Macken im Ricasso zu verursachen, die sich nur schwer oder durch Veränderung des ursprünglichen Entwurfs korrigieren lassen.

Auch hier unterstützt eine Leuchtlupe das präzise Arbeiten.

Durch die Verwendung der Rundfeile bleibt zwischen dem Ricasso und dem Rest der Klinge ein Steg stehen, der später noch entfernt werden muss.

Dieses Bild zeigt die Anreißmarkierung für die Schneide. Der Steg am Ricasso steht auf der rechten Klingenseite noch, während er links schon entfernt wurde.

Wir entfernen den Steg mit einer Rundfeile. Natürlich kann der Steg auch mit einer Flachfeile abgenommen werden. Es wäre aber schade, wenn wir das Ricasso oder die Klingenfläche dabei verunstalten. Mit der Rundfeile können wir vorsichtig schräg von oben gegen den Steg arbeiten und halten dabei ausreichenden Abstand zu den Flächen ein, die nicht mehr verändert werden sollen.

Ein Zwischenstand: Der Steg ist beiderseits flach gefeilt, der Übergang zum Ricasso schön gerundet.

Wie beim Flachangelmesser wird der Rohling jetzt mit Schleifleinen weiter bearbeitet. Wir beginnen mit 120er Leinen und schleifen quer zur Längsrichtung des Rohlings. Geeignete Formklötze erleichtern sauberes Arbeiten.

Nun arbeiten wir mit 240er Schleifleinen längs zur Längsachse.

Dabei arbeiten wir vorsichtig vom Ricasso aus in Richtung Klingenspitze, um das Ricasso nicht zu beschädigen.

Das machen wir auf beiden Klingenseiten, bis wir eine gleichmäßige Oberfläche haben.

Wir schneiden einen schmalen Streifen Schleifleinen zurecht und ziehen diesen über den Klingenrücken. Der Streifen darf nicht zu breit sein, damit die anliegende Kraft möglichst gleichmäßig wirkt. Außerdem achten wir darauf, mit gleichbleibendem Winkel zu arbeiten, um eine gleichmäßige Rundung zu erhalten.

Nach dem 400er Schleifleinen quer folgt das Finish mit 600er Schleifpapier (längs).

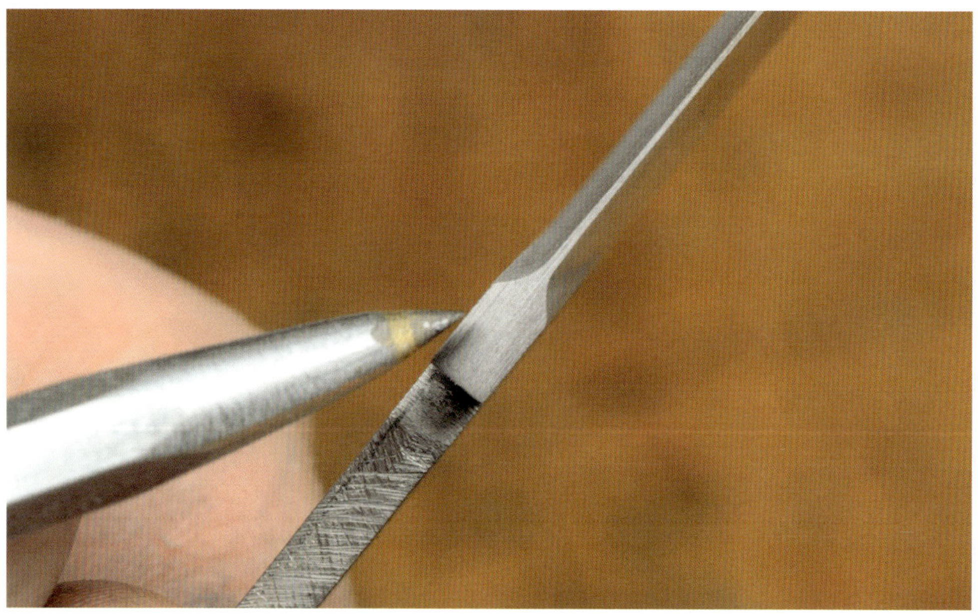

Wir kontrollieren erneut die beidseitig gleichmäßige Ausarbeitung des Klingenrohlings zum Ricasso.

Unser Rohling ist fertig und kann zum Härten gegeben werden. Die Bohrung in der Angel (mindestens 2 mm Durchmesser) dient zum Aufhängen der Klinge im Härteofen.

Der Griff

Bei unserem Steckangelmesser wollen wir ein Parierstück (eine Zwinge) aus Kuhhorn mit Griffmaterial aus Maserbirke kombinieren. Zunächst fertigen wir die Zwinge an.

Unser Parierstück hat keine funktionale Bedeutung, sondern trägt zum Erscheinungsbild des Messers bei. Zum einen deckt es das Sackloch ab, in das die Angel eingeführt wird. Zum anderen lässt es den Griff aufgrund des farblichen Kontrasts zur Maserbirke lebhafter wirken.

Wir haben uns für Kuhhorn entschieden, weil es problemlos erhältlich ist, einen schönen Kontrast bildet und einfach zu bearbeiten ist. Aber genauso gut könnten auch andere Naturmaterialien ebenso wie Kunststoffe oder Metalle zum Einsatz kommen. Nur steigt dann der Bearbeitungsaufwand.

Auf einem Kuhhorn zeichnen wir einen Ausschnitt ausreichender Größe für unser Parierstück an (dabei dient uns die Zeichnung oder die Schablone als Vorlage).

Das angezeichnete Stück wird ausgesägt. Dafür ist die bisher schon verwendete Metallsäge durchaus geeignet.

Wir flachen das ausgesägte Stück ab, zunächst mit der Raspel, …

… dann auf 120er Schleifleinen, das wir auf eine plane Unterlage legen.

Da wir keine Backen, sondern ein Parierstück in Form einer Zwinge bauen wollen, markieren wir den Bereich, in dem es auf die Angel geschoben werden soll.

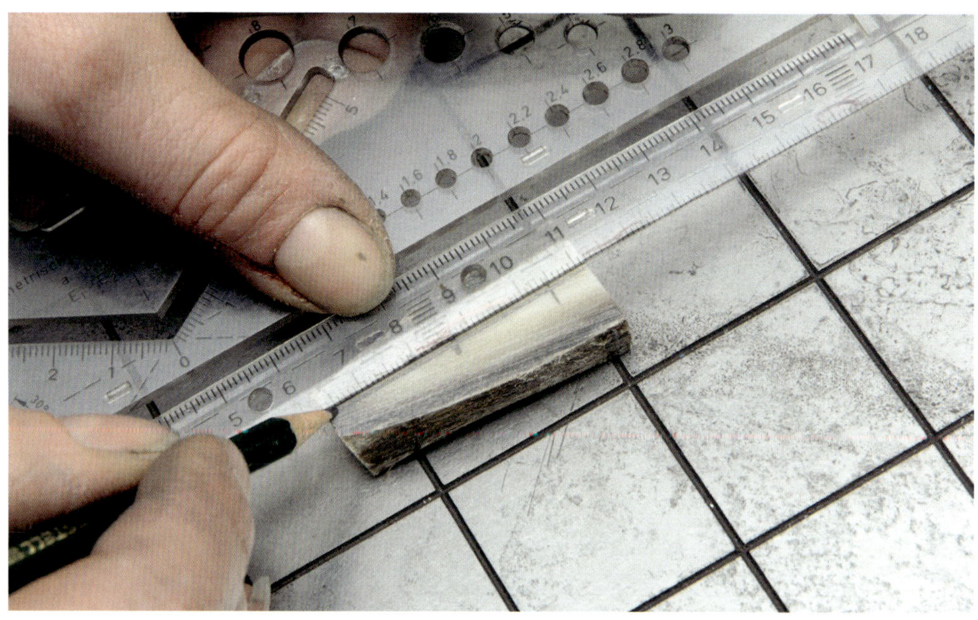

Die Mittellinie verbindet Anfang und Ende des Schlitzes und dient uns als Bohrmarkierung.

Zur Bestimmung des geeigneten Bohrers messen wir die Stärke der Angel. Bei der hier ermittelten Stärke von 3,53 mm ist ein Bohrer mit 2,5 oder 3 mm geeignet, damit nach dem Bohren noch Material zum Ausformen des Schlitzes bleibt.

Wir bohren den Schlitz entlang der angezeichneten Linie.

Der Schlitz wird mit einer Feile oben, unten und an den Seiten begradigt.

Zwischenstand: Der Klingenrohling mit vorbereitetem Parierstück und Griffmaterial.

Wir überprüfen die Passung des Parierstücks auf der gehärteten Klinge. Das Parierstück sollte sich ohne großen Kraftaufwand aufschieben lassen, muss aber spielfrei sitzen.

Da wir das Parierstück zur Klinge hin abrunden wollen, zeichnen wir den Klingenumriss als Markierung an.

Wir arbeiten die Flächen des Parierstücks vorsichtig nach, bis die Passung unseren Vorstellungen entspricht. Die Anschrägung deutet bereits die spätere Abrundung des Parierstücks an.

Wie üblich, folgt nach der Arbeit mit der Feile das Schleifleinen/-papier. Wir verwenden eine Gummiunterlage, um das Material zu verrunden.

Während der rechte Teil des Parierstücks im Bild bereits deutlich angeschrägt wurde, muss links noch Material abgetragen werden, um diese Seite anzugleichen.

Während der Arbeit am Parierstück kontrollieren wir dessen Passung regelmäßig am Rohling.

Die Klinge wird beim Einspannen in den Schraubstock mit etwas Küchenpapier vor Kratzern geschützt.

Das Rohr dient zum Anschlagen des Parierstücks und stammt aus dem Fundus des Messermachers. Alternativ kann beispielsweise eine Unterlegscheibe mit ausreichendem Durchmesser auf die Angel gesteckt und dann ein Wasserrohr aufgesetzt werden.

Der Fäustel ist zum Aufschlagen etwas überdimensioniert. Da hat der routinierte Messermacher einfach zum nächstbesten Werkzeug gegriffen… Da das Parierstück nur leicht aufgeklopft werden soll, reicht auch ein 200-Gramm-Hammer.

Durch das Anschlagen mit dem Rohr entstehen Kerben, an denen wir die Passung mit einer Feile nacharbeiten. Die Kontrolle der Passung, das Anschlagen und die Nachbearbeitung werden wiederholt, bis wir mit dem Ergebnis zufrieden sind.

Hier ist noch deutlich Spiel zwischen Parierstück und Klinge zu erkennen. Am Schlitz für die Angel muss also oben und unten noch Material abgenommen werden.

Mit einem Winkel prüfen wir, ob die Passfläche zum Griffmaterial rechtwinklig zur Steckangel steht und eben ist.

Ein Zwischenstand: Wir können jederzeit auf die Zeichnung zurückgreifen, um zu prüfen, ob das bisherige Ergebnis den ursprünglichen Planungen entspricht.

Wir übertragen den Umriss der Steckangel auf das Griffmaterial, also den Block Maserbirke.

Die Verlängerung auf der Stirnseite des Blocks liefert uns – nach dem Ziehen einer Mittellinie – die Punkte, an denen der Bohrer angesetzt werden muss.

Der Holzbohrer muss eine ausreichende Länge haben, der Durchmesser entspricht der Materialstärke der Angel.

Der Block wird – dem Winkel der Angel entsprechend – schräg eingespannt. Zuerst bohren wir das untere ...

... dann das obere Loch (grundsätzlich ist die Reihenfolge aber beliebig).

Nun wird der in der Mitte verbliebene Steg entfernt (bitte nicht nachmachen: deutlich ungefährlicher ist die Verwendung einer Rundraspel).

Wir prüfen, ob die Steckangel vollständig in die Bohrung eingeführt werden kann. Ist das nicht der Fall, müssen wir nacharbeiten.

Die Passfläche zum Parierstück wird geplant, zunächst mit der Feile, …

… dann auf Schleifleinen, das wir auf eine plane Unterlage legen. Die Stirnseite des Maserbirkeblocks wird mit den Körnungen 120 und maximal 180 bearbeitet, da eine verbleibende Rauheit die Klebung verbessert.

Wir prüfen regelmäßig, ob das Parierstück sauber auf dem Holzblock aufliegt.

Nun ist es an der Zeit, den Zweikomponentenkleber anzumischen. Dabei sollte man die Anleitung des Herstellers beachten.

Das Loch für die Steckangel wird zu etwa zwei Drittel gefüllt. Wir stopfen sorgfältig nach, um die Luftblasen aus dem unteren Teil der Bohrung zu verdrängen.

Dünnflüssig angemischter Zweikomponentenkleber bildet weniger Luftblasen, allerding verlängert sich dann die Härtezeit. Insgesamt müssen wir die Verarbeitungszeit des Zweikomponentenklebers beachten, damit dieser nicht abbindet, bevor wir die Angel eingeführt haben.

Wir achten sorgfältig auf richtigen Sitz, bevor der Kleber abbindet.

Überschüssiger Kleber, der aus dem Sackloch für die Steckangel austritt, sollte sofort entfernt werden.

Vor den weiteren Arbeitsschritten sollte die vom Hersteller des Klebers empfohlene Zeit für eine vollständige Aushärtung abgewartet werden.

Der aktuelle Zwischenstand: Klinge, Parierstück und Griffstück sind verklebt.

Gelegentlich „schwimmt“ die Klinge etwas auf. Verursacht werden kann das beispielsweise durch im Kleber verbliebene Luftblasen oder durch Materialausdehnung bei Aushärtung des Klebers. Deshalb ist es wichtig, das Werkstück für die Verarbeitungsdauer des Klebers (meist fünf Minuten) im Auge zu behalten und den Sitz der Angel im Griffmaterial vorsichtig zu korrigieren, wenn es erforderlich werden sollte.

Wir übertragen die vorgesehene Griffkontur mit Hilfe unserer Pappschablone auf das Griffmaterial.

Das Ergebnis sieht etwa so aus.

Die Kontur sägen wir wiederum mit der Bügelsäge vor, um uns die spätere Arbeit mit Feile und Schleifleinen/-papier zu erleichtern.

Wenn wir längs zum Griff sägen wollen, sind kleine Quereinschnitte hilfreich, damit das Sägeblatt sich nicht verkantet.

Langsam nähern wir uns der endgültigen Form.

Nun folgen wieder die schon ausführlich beschriebenen Bearbeitungsschritte, zunächst mit der flachen Raspel, …

… dann mit einer Halbrundraspel.

Als Hilfslinie für das Markieren der Griffkontur zeichnen wir uns die Mittellinie auf der Unterseite …

... und auch der Oberseite des Griffstücks an.

Nun zeichnen wir Hilfspunkte oder Hilfslinien auf, die uns anschließend die Ausformung der Griffkontur erleichtern sollen.

Wir haben die Konturlinien freihändig gezeichnet. Natürlich ist auch der Einsatz eines Kurvenlineals denkbar. Ebenso kann ein vorhandenes Messer als Griffmodell herangezogen werden. Auch Packbandrollen und andere runde Gegenstände können verwendet werden, um die gewünschten Radien auf dem Griff aufzuzeichnen.

Wir arbeiten mit der Raspel vor.

Die Halbrundraspel erleichtert das Ausarbeiten der abgerundeten Konturen.

Die Arbeiten müssen auf der anderen Seite des Griffs wiederholt werden.

Ein Zwischenstand: Die Kontur ist grob, aber symmetrisch ausgearbeitet.

Da am Ende des Griffs noch zu viel Material steht, arbeiten wir nach. Die hier gezeigte Befestigung des Messers mit Parallelzwingen an einem Kantholz hat den Vorteil, dass wir das Werkstück schnell umspannen können.

Wir zeichnen eine weitere Hilfslinie an, die mit einigen Millimetern Abstand parallel zum Griffrücken läuft.

Mit der Raspel nehmen wir bis zu dieser Linie vorsichtig Material weg, achten dabei aber darauf, dass die Fase nicht zu groß wird.

An der Unterseite des Griffs verwenden wir die gerundete Seite der Halbrundraspel, um den Konturen besser folgen zu können. Nicht vergessen: Beim Raspeln arbeiten wir zum Material hin, um Absplitterungen zu vermeiden.

Mit schmalen Streifen Schleifleinen nehmen wir weiter Material ab und nähern uns der endgültigen Form des Griffs an.

Damit der Griff später komfortabel in der Hand liegt, runden wir die von der Raspel stammenden, kantigen Fasen ab.

Die Arbeit wird mit feinerem Schleifleinen fortgesetzt.

Je enger die zu bearbeitenden Radien sind, desto schmaler müssen die Streifen sein, um gleichmäßige Ergebnisse zu erzielen.

Mittlerweile sind wir beim 400er Schleifleinen angelangt.

Besonders sorgfältig arbeiten wir an der Kante des Parierstücks, da das Kuhhorn leicht ausreißt und wir eine klar definierte Kante schaffen wollen.

Nun reiben wir ein Leinölprodukt in Holz und Kuhhorn ein und lassen es aushärten. Alternativ kann Möbelwachs, Bienenwachs usw. verwendet werden. Speiseöle und ähnliche Öle sind dagegen nicht geeignet, weil sie nicht aushärten, stark nachdunkeln und ranzig werden können.

Bevor wir das Messer am Griff wieder einspannen, schützen wir es mit einem weichen Tuch.

Nun wird die Klinge mit 600er Schleifpapier in Längsrichtung gefinisht.

Jetzt muss das Messer nur noch geschärft werden. Im Bild kommt das Wicked-Edge-Schärfgerät zum Einsatz.

Zum Schärfen von Messern gibt es viele Methoden, von den klassischen Schleifsteinen bis zu geführten Apparaturen wie dem links unten gezeigten Wicked Edge, der das Einhalten des Schleifwinkels sicherstellt.

Mit welcher Methode Sie arbeiten, hängt von Ihren Fähigkeiten, Vorlieben und Ihrer Ausrüstung ab. Manche Messermacher schwören auf japanische Wassersteine, andere auf Diamantfeilen. Wichtig ist, dass Sie den Schleifwinkel konstant einhalten und am Ende eine gleichmäßig geschärfte, wirklich scharfe Schneide erhalten.

Nachdem es uns gelungen ist, zwei ganz unterschiedliche und sehr attraktive Messer zu bauen, kann es weitergehen. Das Hobby Messermachen bietet nahezu unbegrenzte Möglichkeiten bis hin zu sehr anspruchsvollen Arbeitstechniken und mechanisch aufwändigen Klappmessern. Nutzen Sie dabei die „Messer Magazin Workshop"-Reihe, die viele Informationen bietet und Sie auf Ihrem Weg zum ewig unerreichten „perfekten" Messer begleitet. Viel Spaß!

Auch dieses Messer kann sich wirklich sehen lassen.

ZUBEHÖRLIEFERANTEN

Bei diesen Lieferanten erhalten Sie Material und Werkzeug.

ANGELE Maschinenbau
Ringstraße 25 • Reinstetten • 88416 Ochsenhausen
Tel.: +49(0)7352-922619 • Fax: +49(0)7352-922641
info@angele.de • www.angele.de

Bachmann Kunststoff Technologien GmbH
Rudolf-Diesel-Straße 2 • 63322 Rödermark
Tel.: +49(0)6074-94394 • Fax: +49(0)6074-98544
info@elforyn.de • www.elforyn.de

DICTUM GmbH
Donaustraße 51 • 94526 Metten
Tel.: +49(0)991-9109-901 • Fax: +49(0)991-9109-801
info@dictum.com • www.dictum.com

Tobias Tilman Haselmayr
Kunstschmiedemeister
Zuckenrieder Straße 17 • 94239 Ruhmannsfelden
Tel.: +49(0)9929-9591473 • Mobil: +49(0)160-96664580
www.haselmayr.de

Reinhard Müller
Jagd- und Gebrauchsmesser
Pfannestiel 16 • 91126 Schwabach
Tel.: +49(0)9122-75418 • Fax: +49(0)9122-62036
R.Mueller.RAM@t-online.de • www.mueller-messer.de

Nordisches Handwerk
Inh. Janet Fischer • Carl-Gauß-Straße 3 b • 23562 Lübeck
Tel.: +49(0)451-6933296-0
kontakt@nordisches-handwerk.de
www.nordisches-handwerk.de

Jürgen Schanz
Schneidwerkzeugmechanikermeister
Karlsfeldstraße 13 • 76297 Stutensee
Tel.: +49(0)7249-952509 • Fax: +49(0)7249-4379
info@schanz-messer.de • www.schanz-messer.de

Stefan Steigerwald
Handgefertigte Jagd-, Gebrauchs- und Sammlermesser
Schwander Straße 12a • 90530 Wendelstein
Tel.: +49(0)9129-402151 • Fax: +49(0)9129-296937 4
info@steigerwald-messer.de • www.steigerwald-messer.de

Steirer Eisen
Hauptstraße 37b
A-8793 Trofaiach
Österreich
Tel.: +43(0)3847-24112
Fax: +43(0)3847-24112
office@steirereisen.at
www.steirereisen.at

Rudolf Weber Jr.
Jagdmesser - Messerbauteile
Gartenstraße 36 • 42653 Solingen
Tel.: +49(0)212-592136 • Fax: +49(0)212-592549
info@weberknives.de • www.weber-messer.eu